走好人生第一步·环境保护卷

呵护我们的地球

He Hu Wo Men De Di Qiu

马广娟 王绯 ○ 编绘

海燕出版社

总　序

健康快乐最重要

天下父母，总希望孩子比自己在事业上更成功，在生活上更幸福。一个人事业的成功、人生的幸福受到诸多因素的影响，但每个人在人生道路上如何走好第一步和父母如何帮助孩子走好人生第一步，不能不说是两个很重要的因素。这也是海燕出版社为6~14岁的孩子及其家长所奉献出的一份真挚的爱心。

《走好人生第一步》这套图书分为六卷七本，分别为素质教育卷、生活教养卷、安全自护卷、环境保护卷、健康成长卷和心理健康卷。

首先，从内容上看，它充分体现了6~14岁孩子成长中的诸多因素，能从整体观念上让孩子走好人生第一步。本套图书能比较充分地体现"教育为了可持续发展"这个21世纪教育的新目标，即教育的新的功能定位。因为这六大部分内容能让孩子在人生之路上迈出第一步时，得到人生中最重要的东西：健康和快乐。

其次，从图书的形式上看，这套图书也富有独特性，每本书的内容以绘本漫画的形式呈现出来，这种富有个性化的呈现正符合6~14岁孩子的心理需求。这可以让孩子从形象生动的漫画中去感知,在感知中去领悟,在领悟中去思考,在思考中去明理,在明理中去指导自己的行为,从而养成良好的行为习惯,走好人生的第一步。有了良好的第一步,就会有第二步、第三步……

最后,本套书的作者基本上是富有实践经验的、工作在教育第一线的教育工作者,所以每本书都是作者在实践中提炼出来的智慧结晶,这就赋予了本套图书以较强的可操作性和实用性。

作为一名儿童心理工作者,我要向每本图书的作者和海燕出版社为这套图书的出版而付出辛劳和智慧的工作人员表示由衷的感谢,因为他们为6~14岁的孩子送上了一份人生真爱的厚礼。

中国科学院心理研究所研究员

中国科学院心理研究所现代小学教育研究中心主任

国家级有突出贡献专家

人物介绍

小美女·橙橙

小猫·罗利

好孩子·可乐

调皮鬼·何毛毛

小狗·王子

帅哥·许多

目 录

 **珍惜资源，拒绝浪费**

水，我们的生命之源　12
有了电真方便，节约用电是关键　14
利用太阳能，节约矿物能源　16
不盲目追求时尚，倡导简朴，减轻资源压力　18
拒绝过度包装　20
节约纸张，回收废纸；保护资源，减少木材采伐　22
不随意取土，减少对地表造成的伤害　24
节约粮食，适度消费肉类，减轻生态环境的压力　26
修旧利废　28
不盲目追求电脑更新换代　30
使用可回收物品　32

 **保护环境，拒绝污染**

倡步行，骑单车，尽量乘坐公交车　36
少使用杀虫剂　38
少燃放烟花爆竹　40
有毒物品会污染环境　42
植树种草，美化环境　44
规劝戒烟和拒绝抽烟，不乱扔烟头　46
提倡使用肥皂，少用洗涤剂　48
不向江河湖海倾倒垃圾　50
拒绝使用一次性物品　52
少吃口香糖　60
不在野外烧荒　62
避免旅游垃圾污染环境　64
回收废电池、废金属，回收废塑料、废玻璃　66
垃圾分类回收　68

保护动物

拒绝食用野生动物，不捡拾野禽蛋　72
让它们自由地生活　76

不恫吓、投喂公共饲养区的动物	84
不在江河湖泊钓鱼	86
不购买野生动物制品，不购买、制作动物标本	88
爱护动物，人人有责	90
认识国家重点保护的动物	92

不进入自然保护核心区	120
保护文物古迹	122

我是环保卫士

传阅环保书籍、报刊	126
了解绿色食品的标志和含义	128
认识环保标志	130
参与环保宣传	132
组织义务劳动	134
宣传环保知识	136
做环保志愿者	138

爱护植物

不挖食野菜，不破坏植被	96
减卡救树，不用圣诞树，不购买、制作植物标本	98
爱护古树名木	100
多植树	102
认识国家重点保护的植物	104

救救我们的地球

认识我国的地理状况	108
认识我国的水资源分布	110
认识草原危机	112
认识荒漠化	114
保护森林	116
保护海洋	118

珍惜资源,拒绝浪费

利用太阳能，节约矿物能源

橙橙你尿床了吗？

你以为谁都像你一样啊！晒晒被子会有阳光的味道。

橙橙在利用太阳能。

太阳能指太阳光的辐射能量，既可免费使用，又没有污染。

早在两千多年前的战国时期，人们就懂得利用太阳能了。

他们在利用钢制凹面镜聚焦阳光来产生火，太阳能还可以干燥农产品呢。

我们现在还处于利用太阳能的初级阶段：利用太阳能集热、太阳能暖房、太阳能发电……

哇！这么厉害的光和热，做烤鸭一定很棒！

煤、石油、天然气等矿物能源不可再生，迟早有一天会消耗完的，未来将会大规模利用太阳能。

未来太阳能广泛用来发电，光化利用，还可以速生植物呢。

不盲目追求时尚，倡导简朴，减轻资源压力

毛毛，你怎么拿我的钱包？

许多有PSP，我也想买一个。

过分攀比吃穿玩，容易误入歧途。

不随意取土，减少对地表造成的伤害

救命啊！！！

这里怎么有大坑，难道是UFO撞地球？

损坏农田、草皮、植被，后果很严重。

节约粮食,适度消费肉类,减轻生态环境的压力

粮食来之不易,我们要爱惜。

使用可回收物品

花瓶好漂亮。

这是我用易拉罐做的。

可是我还没喝完啊……

这个废瓶正好回收利用。

尽量使用可回收材料制成的物品，可以大量节约资源。

 保护环境,拒绝污染

少使用杀虫剂

杀虫剂不仅污染空气,也会对人体健康造成危害。

哇！好臭！多放几盒空气净化剂。

化学制剂危害呼吸道和内脏，家里注意通风和卫生。

夏天，尽量少使用杀虫剂。

植树种草，美化环境

花草释放氧气和水蒸气，净化空气，带给人美的享受。

提倡使用肥皂，少用洗涤剂

肥皂是从动物脂肪中提炼的，对人体不会有害。

用香皂洗！

洗手液真方便！

是！是！

叔叔，废水要经过净化处理。

含汞的有毒废水会导致鱼类中毒，导致人类耳聋眼瞎。

吹海风，吃海鲜真美啊！

拒绝使用非降解塑料制品

非降解塑料餐盒消耗大量不可再生资源,而且产生大量污染源。

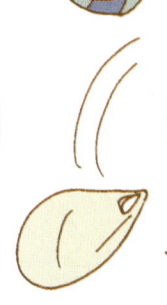

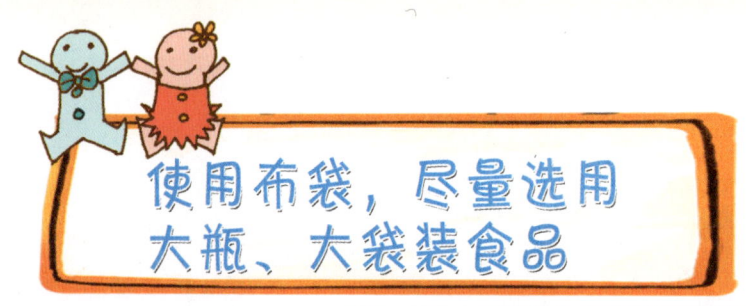

使用布袋，尽量选用大瓶、大袋装食品

旧衣服变身新布袋！

倡导绿色时尚，布袋耐用又漂亮。

少吃口香糖

口香糖以糖、香精为主料,吃多了可能会导致龋齿、睡觉磨牙。

你都有龋齿了!

啊,不要啊!

不在野外烧荒

烧荒容易引起火灾,产生的烟尘和有害气体,污染空气,损害健康。

避免旅游垃圾污染环境

旅游时产生的垃圾要带走,不然散落到河流、土地中会造成环境污染。

垃圾分类回收

可乐，罗利哪儿去了？

啊，我可能把它混到垃圾里丢掉了！

垃圾混装是把垃圾当成废物，垃圾分装可以把有些垃圾作为资源回收再利用。

保护动物

妈妈……
妈妈……

谁来帮帮我，给小燕子做个窝？

我已经认识40种鸟了！

我们组织爱鸟队吧。

小鸟们是自然界的精灵，要爱护它们，给它们美好的家。

1. 观鸟装备：望远镜、野生鸟类图谱、笔、纸。
2. 选好天气：春夏季节，鸟类在日出后两小时，日落前两小时最活跃。
3. 最佳地点：山区、湖边、植物园，注意安全。

美丽的蓝天，有我优美的身姿更漂亮！

认识国家重点保护的动物

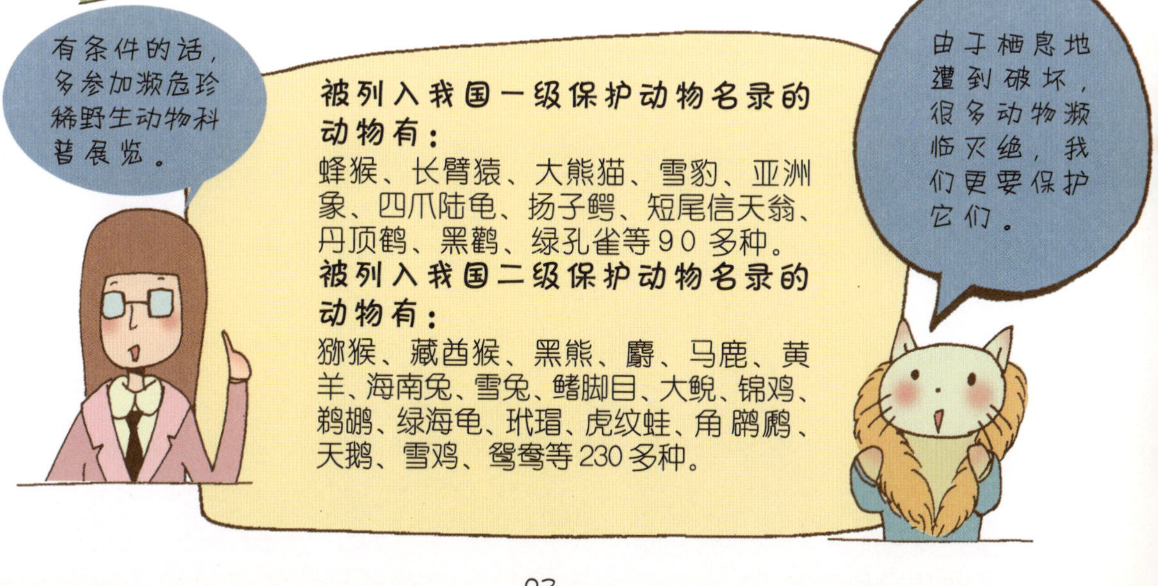

爱护植物

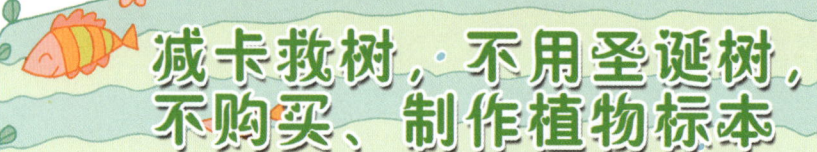

减卡救树，不用圣诞树，不购买、制作植物标本

贺卡吞噬森林，造纸污染河流。珍惜纸张，减卡救树。

爱护古树名木

北京的天坛公园,运用科学技术很容易复制。

可是里面上千年的古木,你怎么复制呢?

古树名木是活着的文物,是宝贵的自然遗产。

有多贵?

快下来,这是珍贵的古槐。

多植树

种一棵树,种一棵花,世界会更美好。

救救我们的地球

认识我国的地理状况

认识我国的水资源分布

长江第一支流——汉水发源于哪里?

汗水发源于头上……

海水是咸的,不能直接喝。

那大海里的鱼不会渴死吗?

水资源通常指天然淡水,如河流、湖泊、地下水和冰川。

认识草原危机

认识荒漠化

沙漠不是你家吗，你怎么会迷路？

沙漠怎么又扩大了？

荒漠化指由于气候变异和人类活动等因素造成的干旱、半干旱地区的土地退化。

保护森林

森林是绿色的书,是生物的自由天地。

不进入自然保护核心区

自然保护区是野生动植物最后的家，严禁采伐、狩猎和游览。

一级警报，有人类入侵！

这条小路没人走过。

好像有狼叫。

自然保护区用来保护特殊、稀有的野生生物和生态系统，如果被人类"私闯民宅"，其中的动植物就会陷入绝境。所以参观时，一定要怀着敬畏之心，小心谨慎哟！

我是环保卫士

绿色食品标志

有机食品标志

无公害农产品标志

绿色食品不是这个意思！

我国的绿色食品标志由阳光和蓓蕾图案组成，象征来自最佳生态环境，带来最强生命活力。

妈妈，买这个吧，这是绿色食品。

1993年8月，我国正式确定了环境标志图形：由青山、绿水、太阳和十个环组成，中心结构表示人类赖以生存的环境；外围十个环紧密结合，表示公众参与，共同保护环境；同时十个环的"环"与环境的"环"同字，寓意为"全民联合起来，共同保护环境"。

中国环境标志

中国环境保护徽

中国环保产品认证标志

回收标志

中国节水标志

中国节能认证标志

认识环保标志非常有意义。

义务帮助环保工作，参加筹款、植树等公益活动。

撒播绿色希望，进行演讲、办板报、上街宣传环保。

劳动最光荣，义务做善事。

图书在版编目(CIP)数据

呵护我们的地球：环境保护卷/马广娟，王绯编绘. —郑州：海燕出版社，2010.4
（走好人生第一步）
ISBN 978-7-5350-4066-4

Ⅰ.呵… Ⅱ.①马…②王… Ⅲ.环境保护-少年读物 Ⅳ.X-49

中国版本图书馆CIP数据核字(2009)第151650号

封面图画：三 火	出版发行：	海燕出版社
封面字体：张 亮		（郑州市北林路16号 邮政编码450008）
封面设计：李岚岚	发行热线：	0371-65734522
	经 销：	全国新华书店
选题策划：刘 嵩	印 刷：	深圳市金星印刷有限公司
责任编辑：刘 嵩	开 本：	16开
美术编辑：李岚岚	印 张：	9印张
责任校对：李玉凤	字 数：	180千字
责任印制：邢宏洲	版 次：	2010年4月第1版
责任发行：贾伍民	印 次：	2013年6月第5次印刷
	定 价：	18.00元

抒情呼吸着说出的话

著名儿童文学作家梅子涵教授

隆重推荐

这些画了图的书是给孩子的很适合的礼物。很适合的阅读。

它们的故事是很久之前的最经典的作家们的书里的。

就是说：是经典故事！经典作家！

这非常重要。

在文学上，艺术里，经典作家，经典故事，经典的名分，是非常要紧的。它意味着一个不朽的从前，一个很大的可靠，一个高高的境界；

意味了一个孩子，一个人，如果有机会，有热情，走进这样的经典里，

他的鞋底会沾上金的粉末，脸上会映上金的光线，记忆里会刻上金的留念，

于是精神中就有了真金的富贵了。

和经典结伴行走，是可能得到一本盖了金印的生命护照的。

这些书里的画，是一个画家很多的才华，很多的功夫，很多的精心，很多的内心天真，很多的艺术自尊，很多的为孩子的温柔照应，很多的为未来的美的引行，很多的很多的很多的在一起，

于是就让这些书成为了美书！

一个孩子要到美书里来。

他便有美的眼睛，美的思维力和想象，美的小心思和大设计，美的日常语句和站立讲堂之上的大抒情；他便能成为最好听的呼吸，整个世界的呼吸也就渐渐、渐渐地平和啦好听啦。

读着美书而成人的，我们总能看见他胸口的那本生命护照。

我们看得见金。

我抒情地呼吸着写下这些话。

我知道你已经看见。

《文学大师经典绘本》

列夫·托尔斯泰

约翰·沃尔夫冈·冯·歌德

格林兄弟

……